小朋友，兔子哈利这是怎么了？快跟我们一起去分析下……

图书在版编目 (CIP) 数据

　　危险的垃圾食品 / (英) 格里芬著；李小玲译.—深
圳 : 海天出版社, 2016.8
　　(孩子，小心危险)
　　ISBN 978-7-5507-1618-6

　　Ⅰ.①危… Ⅱ.①格… ②李… Ⅲ.①安全教育－儿
童读物 Ⅳ.①X956-49

　　中国版本图书馆CIP数据核字(2016)第086836号

版权登记号　图字 :19-2016-096 号

Original title: The Dangerously Big Bunny
Text and illustrations copyright© Hedley Griffin
First published by DangerSpot Books Ltd. in 2006
All rights reserved.

The simplified Chinese translation rights arranged through Rightol Media
（本书中文简体版权经由锐拓传媒取得 Email:copyright@rightol.com）

危险的垃圾食品

WEIXIAN DE LAJI SHIPIN

出　品　人　聂雄前
责任编辑　顾童乔　张绪华
责任技编　梁立新
封面设计　蒙丹广告
───────────────────────
出版发行　海天出版社
地　　址　深圳市彩田南路海天大厦(518033)
网　　址　www.htph.com.cn
订购电话　0755-83460202（批发）0755-83460239（邮购）
设计制作　蒙丹广告0755-82027867
印　　刷　深圳市希望印务有限公司
开　　本　787mm×1092mm 1/24
印　　张　1.33
字　　数　37千
版　　次　2016年8月第1版
印　　次　2016年8月第1次
定　　价　19.80元

危险的垃圾食品

[英]哈德利·格里芬◎著　　李小玲◎译

海天出版社（中国·深圳）

　　"快来看电视啊！"哈利喊道。他舒服地靠在沙发上，嘴里吃着薯片。

　　"哈利！你总是看电视，还吃这么多垃圾食品。你的体重一直在增加，"虾猫唠唠叨叨，"如果你一直这样，身体会出问题的。"

"你的身体会出问题的！" 鹦鹉皮洛又重复了一遍。

"要来一块太妃糖吗？"哈利问道。

"我们一起出去玩滑板吧。"土豆狗说完，转身跑出了房间。

　　"好主意！"哈利赞成道。他急匆匆地起身，像从前一样准备冲出房门，却被门框卡住了。

　　"门框怎么突然变窄了！我出不去了！"哈利抱怨。

　　"不是房门变窄，是你！你变胖了！胖得现在都通不过这扇门了。"
虾猫摇头。

　　虾猫和皮洛在哈利后面一直拼命地推，哈利的手撑着门框往外挤，土豆狗在前面拉他的胳膊。

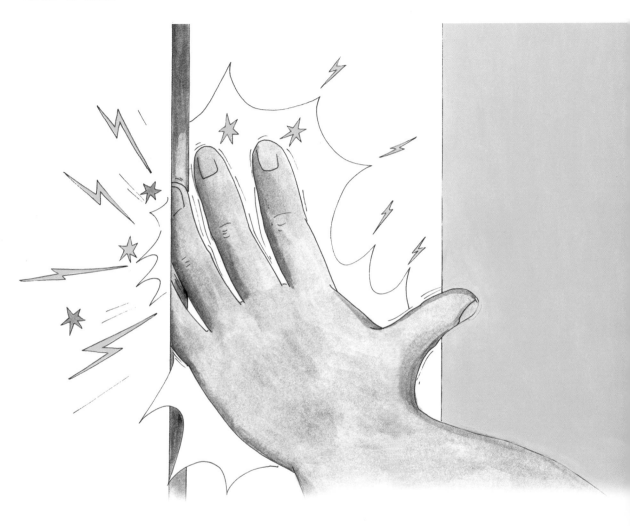

突然，门夹到了哈利的手指，"哎呀！"哈利尖叫起来。突如其来的疼痛让他不由自主地向前一跳，一下子挣脱了卡住他的门框。

　　"我再也不把手放在门框边上了。"哈利委屈地说，不停地揉着被夹到的手指。

　　虾猫和土豆狗戴好装备跳上各自的滑板。哈利整装好后也跳上了自己的滑板，但是不知怎么回事，滑板不听他使唤，居然一动不动。他——超——重——了。"噢，天啊！"他难为情地叫道。

　　"算了，我们去公园玩吧。"虾猫安慰道。

　　公园里，哈利一个人坐在跷跷板的一端，鹦鹉皮洛、虾猫和土豆狗一起坐在另一端，可是跷跷板也一动不动。哈利太重了，即使皮洛不停地在土豆狗肩膀上跳上跳下，跷跷板依然纹丝不动。

　　"跷跷板一定是哪里坏了，"哈利掩饰道，"平衡度一点都不好。"

　　"是你，你失衡了，"虾猫回答，"你的体重严重超标，太重啦！"

　　"我们去荡秋千吧。"哈利说完，招呼都不打就从跷跷板上跳了下来。另一边的虾猫、土豆狗和鹦鹉皮洛一下子从跷跷板上坠落到地面上了。

　　"哎呀！疼死了！"他们痛得叫起来。

　　"这样一点都不好！你应该慢慢地让我们先下来，然后自己再下来，"虾猫一边带着哭腔训斥哈利，一边揉着自己跌疼的屁股。

　　哈利试着去坐秋千，可是他体形太庞大了，秋千荡回来的时候他一下子从上面跌坐在地上，摆动的秋千凳子又一下子击中了他的后脑勺。

　　"哎呀！"哈利大叫。

　　"你真的该减肥了。"虾猫建议道。接着，她和朋友们一起费力地把哈利从地上扶起来。

"我们去池塘划船吧，怎么样？"土豆狗又建议。

"好棒！我们还可以买冰淇淋！"哈利高兴地回应。

"好！"其他人也一致同意。

　　"土豆狗的香草冰淇淋，虾猫的草莓冰淇淋，皮洛的百香果生姜惊喜冰淇淋，哈利的香草、草莓、巧克力、乳脂、蜂蜜杏仁、树莓果汁、柠檬冰沙……

　　"吃这么多你会变得更胖的！"虾猫好意提醒哈利。

"想来瓶汽水吗？"哈利举着一瓶汽水问虾猫。

"不用了，谢谢！我更愿意喝水。喝水对你也有好处。"

"我们租一艘船，到池塘划船吧！"土豆狗迫不及待想去划船。

　　当哈利费了九牛二虎之力爬上船后，船的一边却开始下沉了。哈利太重了！！

　　"你真的要减肥了！"虾猫再次苦劝他。

"该回家喝茶了。"哈利又想要吃东西了。

他们拖着湿漉漉的双脚走出了公园。路上，他们要不断停下来等哈利赶上，因为哈利都快走不动了。

21

终于到家了！"我要累死了！"哈利上气不接下气地抱怨。

"那是因为你超重，而且身体已经处于亚健康状态！"虾猫解释道。

"你真的需要减肥啦!"鹦鹉皮洛也建议道。

  哈利突然非常沮丧，因为自己肥胖的体型和亚健康的身体。他决定去看医生。医生检查后告诉他，是因为他太胖了才容易生病。医生建议他减肥并告诉他减多少才合适，而且向他提供了帮助。

　　哈利开始少吃汉堡包、薯条、饼干、蛋糕、冰淇淋、巧克力和糖果，并且渐渐喜欢上了水果和蔬菜。

　　他也开始少看电视，多运动，每天尽量步行，骑自行车，甚至还加入了健身俱乐部。

他成功地瘦了下来，变得既结实又健康。他自己也感觉非常棒！

"可爱男孩又回来了！"鹦鹉皮洛高兴地说。

孩子们最喜爱的食物热量

汽水

1 瓶 12 盎司汽水中糖分含量高达 12 茶匙。
（1 盎司 =28.35 克， 1 茶匙 =6 克，340 克汽水中糖分的含量高达 72 克。——译者注）

热狗

一根热狗中含有近 90% 的脂肪。

薯条

一个成人每日推荐的盐摄入量是 6 克。儿童的盐摄入量依照年龄酌情增减。一袋薯条中盐的含量高达 3 克，远远高于多数儿童每日推荐的盐摄入量。

➤ **要做多少事情才能消耗掉一根 50 克巧克力棒的热量?**

跑步 32 分钟。

游泳 20 分钟。

➤ **人们总是错误地把口渴当作饥饿，实际上你需要的可能只是一杯水。**

➤ **分享食物很重要。**

➤ **每天坚持吃 5 份水果蔬菜。**

超重和肥胖儿童数量的日益增加，正在引起广泛关注。这些儿童面临患上心脏病、特定癌症、中风、背部疼痛、关节疼痛、高血压、胆结石、脂肪肝、不孕症、呼吸急促和抑郁症等疾病的风险。

把印有"小心危险！"标识的贴纸贴在家中危险的地方，以便提醒孩子注意安全。